하루 10분
**놀면서 두뇌 천재되는
브레인 스쿨**
•두뇌퍼즐편•

하루 10분
놀면서 두뇌 천재되는
브레인 스쿨
·두뇌퍼즐편·

펴낸날 2021년 1월 20일 1판 1쇄

지은이 개러스 무어
옮긴이 김혜림
펴낸이 김영선
기획 양다은
책임교정 이교숙
경영지원 최은정
디자인 바이텍스트
마케팅 신용천

펴낸곳 (주)다빈치하우스-미디어숲
주소 경기도 고양시 일산서구 고양대로632번길 60, 207호
전화 (02) 323-7234
팩스 (02) 323-0253
홈페이지 www.mfbook.co.kr
이메일 dhhard@naver.com (원고투고)
출판등록번호 제 2-2767호

값 13,800원
ISBN 979-11-5874-091-7

이 도서의 국립중앙도서관 출판예정도서목록(CIP)은 서지정보유통지원시스템 홈페이지(http://seoji.nl.go.kr)와 국가자료공동목록
시스템(http://www.nl.go.kr/kolisnet)에서 이용하실 수 있습니다.(CIP제어번호: CIP2020044036)

아이의 숨은 지능 깨우는 집콕놀이북

하루 10분
놀면서 두뇌 천재되는
브레인 스쿨
·두뇌퍼즐편·

개러스 무어 지음 ㅣ 김혜림 옮김

미디어숲

🔩 시작하며

두뇌 운동할 친구들 모두 모이세요!

여러분의 두뇌 학습 능력이 어른들보다 두 배 가까이 높다는 걸 알고 있나요? 그래서 여러분은 공부를 하면 할수록 더 똑똑해질 수 있답니다. 하지만 우리가 운동을 게을리하면 몸의 근육이 약해지는 것처럼, 머리를 사용하지 않으면 생각하는 능력이 떨어져요. 벌써 걱정이 되나요? 하지만 걱정하지 마세요! 여러분을 위해 이 책이 있으니까요!

이 책에는 두뇌가 좋아지는 재미있는 게임들이 가득 실려 있답니다! 페이지마다 두뇌 게임이 하나씩 준비되어 있는데, 하루에 한 장이나 두 장씩 풀면 돼요. 아! 무엇보다 모두 10분 내로 풀 수 있도록 해요. 페이지 윗부분에는 여러분이 문제를 푸는 데 시간이 얼마나 걸렸는지 적을 수 있는 칸이 있어요. 자신의 수준을 가늠해볼 수 있는 것이지요. 이 책은 여러분의 기억력, 언어 표현, 수리 감각, 공간 지각력을 키우는 데 도움이 될 거예요. 무엇보다 두뇌를 활발하게 만들면 학교에서의 학습력 향상은 물론이고, 운동을 하거나 친구들과 떠들거나 온종일 무얼 하든지 신이 난답니다!

여러분이 해야 할 게 하나 더 있어요. 바로 몸을 건강하게 하는 것이에요. 뇌를 활발하게 만들기 위해서는 우리 몸 역시 잘 돌봐야 한답니다. 그렇다면 뇌 건강을 위해 어떻게 해야 할까요?
첫째, 규칙적으로 운동하는 습관을 가져요. 땀이 날 정도로 운동하다 보면 생각이 맑아진답니다.

둘째, 밤에는 충분히 자요. 사람은 적어도 8시간 정도의 수면이 필요해요. 뇌도 쉬는 시간이 필요하거든요.

셋째, 아침은 꼭 챙겨 먹어요. 아침 식사는 우리 몸을 깨워줘요. 낮에 활동하기 위해서 아침 식사는 필수예요!

넷째, 물을 마셔요. 몸에 물이 없으면 뇌가 힘들어해요. 목이 마를 때마다 물을 마셔 뇌를 튼튼하게 해요.

어때요? 뇌 건강을 위해 어떻게 해야 하는지 잘 알겠죠? 여러분이 잘 해내리라 믿어요.

책에 있는 퍼즐을 풀다 보면 여러분에게 도전정신이 생길 거예요. 문제를 신중하게 생각하다 보면 모든 퍼즐을 다 풀 수 있어요. 여러분의 머리와 연필 한 자루만 있다면 말이죠!

행여나 퍼즐이 어렵다고 포기하지는 마세요. 문제를 풀기 어렵다면 정답을 잠깐 보는 것도 괜찮아요. 여러분이 답을 확인한 후 어떻게 그 답을 얻을 수 있는지 알아내는 것도 굉장히 의미 있는 일이니까요. 뇌를 훈련하는 일에서 중요한 것은 생각하는 과정이지 답이 아니라는 사실! 꼭 기억하세요.

책을 한 장 한 장 넘길 때마다 퍼즐이 점점 어려워질 거예요. 처음에 푼 쉬운 퍼즐들이 어려운 퍼즐을 풀 때 도움이 될 수 있으니 첫 장부터 풀어나가는 게 제일 좋아요. 두뇌 힘을 높이기 위한 그 첫 번째 단계로 향할 준비가 되었나요?

그렇다면 지금 바로 시작하세요!

모든 칸에 1부터 6까지의 숫자를 넣어 스도쿠 퍼즐을 완성하세요. 단, 가로줄, 세로줄, 굵은 선으로 표시된 2×3 사각형 안에서 같은 숫자가 겹치지 않도록 주의하세요.

	3		6	2	
		5	2	6	
			1		
		1			
	4	2	5		
	2	6		3	

 시간 [   ]

퍼즐 칸에서 다음의 단어들을 찾아보세요. 단어는 위, 아래, 대각선 방향으로 바르게 또는 거꾸로 적혀 있어요.

BANANA 바나나

BLACKBERRY 블랙베리

GRAPE 포도

KIWI 키위

LEMON 레몬

LIME 라임

MELON 멜론

NECTARINE 천도복숭아

ORANGE 오렌지

PEACH 복숭아

PEAR 배

PINEAPPLE 파인애플

RASPBERRY 라즈베리

SATSUMA 귤

STRAWBERRY 딸기

Y	P	M	L	Y	R	N	N	S	N
R	R	I	M	R	E	O	A	A	E
R	M	R	N	R	M	L	K	T	C
E	R	E	E	E	C	E	I	S	T
B	B	P	L	B	A	M	W	U	A
P	E	A	R	K	W	P	I	M	R
S	R	R	N	C	E	A	P	A	I
A	E	G	N	A	R	O	R	L	N
R	M	R	C	L	N	C	R	T	E
U	R	H	L	B	P	A	A	L	S

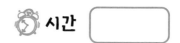

다음 규칙을 잘 보고 퍼즐을 완성하세요.

🎯 규칙

▶ 칸 안에 있는 모든 숫자는 그 아래에 있는 두 수를 더한 값이에요.

 시간

아래 퍼즐 속에 숨어 있는 전투함을 찾아보세요.

크루저 1개

구축함 2개

잠수함 2개

 규칙

▶ 가로줄과 세로줄에 적혀 있는 번호는 숨어 있는 전투함 조각의 개수를 의미해요.

▶ 전투함은 대각선으로 놓을 수 없어요.

▶ 전투함은 왼쪽, 오른쪽, 위쪽, 아래쪽으로는 붙어있을 수 없지만, 대각선으로는 붙어있을 수 있어요.

퍼즐 1

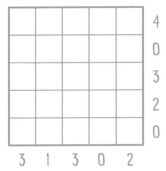

퍼즐 2

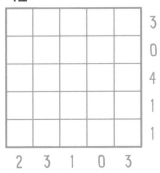

05

⏰ 시간 [   ]

모든 칸에 1부터 9까지의 숫자를 넣어 스도쿠 퍼즐을 완성하세요. 단, 가로
줄, 세로줄, 굵은 선으로 표시된 3×3 사각형 안에서 같은 숫자가 겹치지
않도록 주의하세요.

8	1		5	2			3	6
6		2	7		1	4		
9	7	3	8	6			1	
	4	9	1		5		6	
5	6		3		2		8	4
	2		9		6	5	7	
	9			5	8	6	4	3
		5	6		7	8		9
2	8			9	3		5	7

 시간

빈칸에 어떤 숫자가 오면 좋을까요? 다음 숫자 퍼즐을 완성해 보세요!

8	−	5	+		=	7
+		+		+		×
	+		÷	7	=	
−		−		−		−
9	×	2	÷		=	6
=		=		=		=
7	+		−	8	=	

다양한 얼굴들이 있어요! 다음 질문에 답해 보세요.

1) 얼굴이 모두 몇 개인가요?

2) 미소를 짓거나 웃고 있는 얼굴은 몇 개인가요?

3) 한 쪽 눈은 뜨고 다른 쪽 눈은 감고 있는 얼굴은 몇 개인가요?

4) 눈을 뜨고 있는 얼굴은 몇 개인가요?

5) 머릿속으로만 수를 세어, 눈을 감고 있는 얼굴이 몇 개인지 찾아보세요.

6) 안경을 쓰고 있거나 혀를 내밀고 있는 얼굴은 몇 개인가요?

7) 안경을 쓴 채 혀를 내밀고 있는 얼굴은 몇 개인가요?

 시간

빈칸에 어떤 숫자가 오면 좋을까요? 다음 숫자 퍼즐을 완성해 보세요!

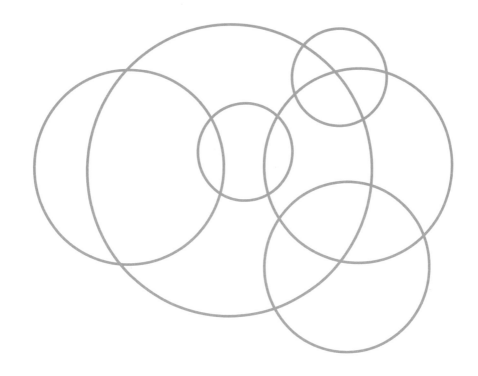

1) 동그라미가 모두 몇 개인가요?

2) 크기가 서로 다른 동그라미는 모두 몇 개인가요?

3) 동그라미가 서로 만나는 점은 몇 개인가요?

4) 동그라미가 겹치면서 동그라미가 아닌 새로운 모양이 만들어
   져요. 만약 여러분이 이 새로 생기는 모양에 서로 다른 색으로
   칠한다면, 색은 모두 몇 개가 필요할까요?

5) 같은 색이 서로 만나지 않으면서 새로운 모양에 색을 칠하는
   데 필요한 색깔은 최소 몇 개인가요?

🕐 시간 [　　　　　]

모든 칸에 1부터 6까지의 숫자를 넣어 스도쿠 퍼즐을 완성하세요. 단, 가로줄, 세로줄, 굵은 선으로 표시된 2×3 사각형 안에서 같은 숫자가 겹치지 않도록 주의하세요.

				2	1
		3	6		
		4	1		
2	3				

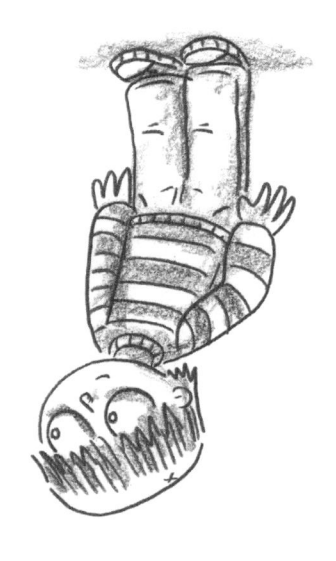

1822년, 영국인 찰스 배비지는 처음으로 컴퓨터를 발명했다. 이 발명품은 전기를 사용하지 않는 대신에 많은 기계식 톱니바퀴를 동력으로 이용했다. 배비지는 복잡한 계산을 할 수 있는 이 발명품을 '신형 엔진'이라 불렀다. 사실 신형 엔진은 배비지가 수학 계산을 하기 위해 만든 건 아니었다. 그러나 당시 사람들은 배비지의 발명품을 수학 계산을 하기 위해 샀기 때문에 배비지의 신형 엔진에 '컴퓨터'라는 이름을 붙였다. 그리하여 오늘날까지 그 용어를 사용하게 되었다. 다목적용이자 전자화된 최초의 컴퓨터는 미국에서 만들어졌는데, 그 이름은 '애니악'이라 하며 1949년에 완성되었다. 집 한 채의 크기였고 무게는 30t이나 나갔다. 또한 마을 전체가 사용할 만큼 전력이 많이 필요했다.

다음 질문에 맞는 답을 위해 컴퓨터 이야기를 읽고 아래 질문에 답해 보세요.

1) 컴퓨터가 처음 발명된 것은 언제인가요?

2) 애니악의 무게는 얼마인가요?

3) 찰스 배비지가 만든 컴퓨터는 이름은 무엇인가요?

4) 애니악이 만들어진 나라는 어디인가요?

5) 찰스 배비지가 만든 컴퓨터는 무엇을 동력으로 이용했나요?

시간

점과 점을 이어 퍼즐을 완성해 보세요.

⊕ 규칙

▶ 반드시 끊어지지 않는 하나의 선으로 만들어야 하고, 가로 직선과 세로 직선만을 사용해 점을 연결해야 해요.

▶ 선은 다른 선과 만나거나 넘어갈 수 없어요.

▶ 숫자를 확인하며 사각형을 만들어야 해요. 예를 들어, 숫자 '1'은 한쪽 면에 선이 있고 다른 세 면에는 선이 없다는 뜻이랍니다.

▶ 만약 네모 안에 숫자가 적혀 있지 않다면, 그곳엔 필요한 만큼 선을 그어 면을 만들 수 있어요.

퍼즐 1

```
3  1  3
3     3
3  1  3
```

```
1  3  2
0  3  2
1  3  2
```

퍼즐 2

```
3  2  0
2     1
2  3  1
```

퍼즐 3

→ 예시를 보세요

```
1     3
   3  1
1     3
```

18

전기 단자에 숫자가 적혀 있어요. 단자 사이에 회로를 연결하여 퍼즐을 완성하세요.

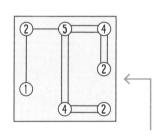

예시를 보세요

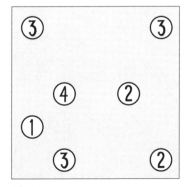

퍼즐 1

퍼즐 2

🕰 시간 ☐

이 퍼즐에서 빠진 나머지 세 조각은 아래의 다른 조각들과 섞여 있어요. 퍼즐에 필요한 세 조각을 찾아보세요.

28쌍의 주사위 도미노가 있네요. 주사위 도미노의 반은 비어있거나 1개에서 6개의 점이 있어요. 서로 같은 것은 없으며, 나올 수 있는 모든 조합은 다음 주사위 도미노에서 모두 찾을 수 있어요. 여기서 빠진 도미노 세 개는 무엇일까요?

빠진 도미노 세 개를 그려 보세요!

직선 세 개를 그려 어항을 6구역으로 나누어 보세요. 나눠진 구역마다 물고기 1마리와 거품 1개가 꼭 있어야 해요.

⏰ 시간 ⬚

모든 칸에 1부터 9까지의 숫자를 넣어 스도쿠 퍼즐을 완성하세요. 단, 가로줄, 세로줄, 굵은 선으로 표시된 3×3 사각형 안에서 같은 숫자가 겹치지 않도록 주의하세요.

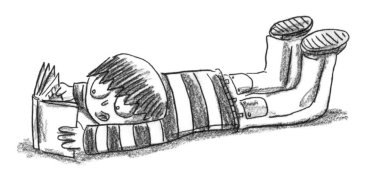

3	7	8		4		6	9	
6				8				7
	2	1	9				3	
8	5	6	4				2	
	3		2		1		4	
	4				7	9	8	3
	1				3	2	6	
9			6					4
	6	7		1		3	5	9

규칙에 따라 아래 숫자가 적힌 칸을 색칠해 보세요.

규칙

▶ 짝수인 칸을 색칠하세요. 짝수는 2의 배수(2, 4, 6···)를 말해요.

▶ 10보다 크고 20보다 작은 숫자가 적힌 칸을 색칠하세요.

▶ 3의 배수(3, 6, 9···)인 칸을 색칠하세요.

▶ 5의 배수(5의 배수는 끝이 0이나 5로 끝나요)인 칸을 색칠하세요.

29	1	29	7	23	31	29	1	7	18
23	53	31	43	1	53	43	23	85	13
37	41	1	37	43	49	31	20	19	65
7	29	7	23	29	1	50	5	70	95
23	2	31	49	53	23	22	27	55	23
90	24	8	53	1	84	16	17	43	49
12	15	3	18	40	15	6	47	41	37
1	30	21	15	14	4	22	37	29	7
29	7	13	14	62	9	23	31	53	23
43	23	37	25	12	7	49	29	31	1

 시간

다음 두 그림을 비교해 서로 다른 부분 10가지를 찾아보세요.

시간

다음 규칙을 잘 보고 퍼즐을 완성하세요.

⚙ 규칙

- ▶ 흰 네모 칸에 1에서 9까지의 숫자를 쓸 수 있어요.
- ▶ 흰 네모 칸에 적은 숫자의 합이 연하게 색칠된 칸 안에 왼쪽 또는 위쪽에 적혀 있는 숫자와 같아야 해요.
- ▶ 흰 네모 칸에 같은 숫자를 중복해서 적을 수 없어요. 예를 들어 총 '4'를 만들려면 '2'를 두 번 사용할 수 없고, '1'과 '3'을 사용해야 해요.

퍼즐 1

퍼즐 2

 시간 [ ]

다음 규칙을 잘 보고 퍼즐을 완성하세요.

규칙

▶ 네모 칸 안에 적힌 모든 숫자는 그 아래에 있는 두 숫자를 더한 값이에요.

모든 칸에 1부터 6까지의 숫자를 넣어 스도쿠 퍼즐을 완성하세요. 단, 가로줄, 세로줄, 굵은 선으로 표시된 2×3 사각형 안에서는 같은 숫자가 겹치지 않도록 주의하세요.

1					6
	3				4
			2	5	
	6	1			
2				1	
4					5

⏰ 시간 [   ]

퍼즐 바깥에 적힌 숫자만큼 다음 빈칸을 색칠해 보세요. 퍼즐의 오른쪽과 아래에 있는 숫자는 그 숫자가 적힌 가로줄 또는 세로줄에 색칠된 사각형의 개수를 의미해요. 예를 들어, '2, 2'는 색칠된 사각형 2개가 서로 맞닿아있고, 그 뒤에 적어도 한 개 이상의 빈칸이 있으며, 그다음 색칠된 사각형 2개가 있다는 뜻이에요.

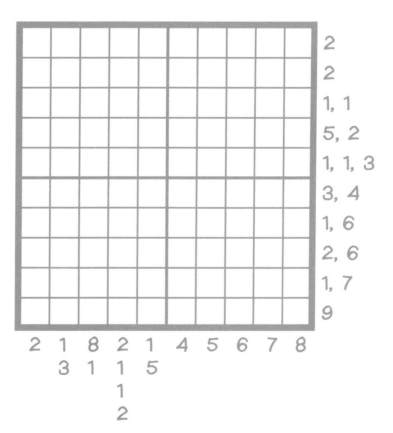

점과 점을 이어서 아래 퍼즐을 완성해 보세요.

⊕ **규칙**

▶ 반드시 끊어지지 않는 하나의 선으로 만들어야 하고, 가로 직선과 세로 직선만을 사용해 점을 연결해야 해요.

▶ 선은 다른 선과 만나거나 넘어갈 수 없어요.

▶ 숫자를 확인하며 사각형을 만들어야 해요. 예를 들어, 숫자 '1'은 한쪽 면에 선이 있고 다른 세 면에는 선이 없다는 뜻이랍니다.

▶ 만약 네모 안에 숫자가 적혀 있지 않다면, 그곳엔 필요한 만큼 선을 그어 면을 만들 수 있어요.

퍼즐 1

```
3   2   3
2   3   2
2   2   2
```

1		3
3		1
1		3

예시를 보세요

퍼즐 2

```
3  2  2  1
3  1     2
2     3  3
3  2  0  1
```

퍼즐 3

```
3  2  0  0
2  2     1
3     3  3
3  1  2  2
```

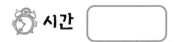 시간

아래 그림에서 이 두 해적과 똑같은 것을 찾아볼까요?

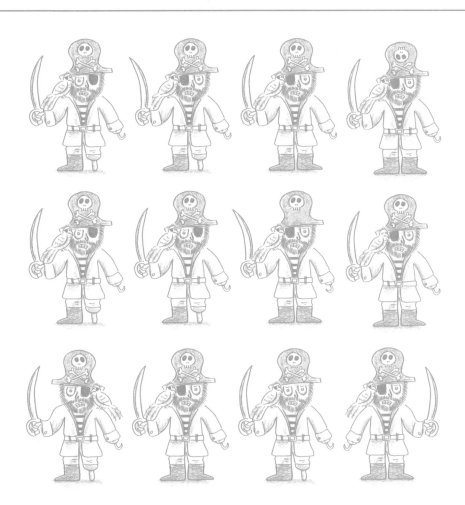

⏰ 시간 [　　　]

모든 칸에 1부터 6까지의 숫자를 넣어 X자 모양의 스도쿠 퍼즐을 완성하세요. 단, 가로줄, 세로줄, 굵은 선으로 표시된 2×3 사각형, X자 모양으로 색칠된 대각선 칸 안에는 같은 숫자가 겹치지 않도록 주의하세요.

3			1		
			3	6	
6		4	2		1
2		3	5		4
	4	1			
		2			6

 시간 [　　　]

숫자판에서 다음 숫자들을 찾아보세요! 숫자는 가로, 세로, 대각선 방향으로 적혀 있어요.

3	3	5	6	4	5	9	3	4
2	1	6	4	8	7	8	2	8
1	2	9	3	4	9	6	1	5
3	3	4	6	2	6	5	7	2
5	8	5	8	7	9	2	4	2
3	7	2	9	4	5	6	3	1
1	9	4	9	6	7	8	1	2
6	3	9	1	7	3	5	6	3
9	6	6	5	0	7	6	4	8
5	1	9	8	4	1	2	4	6

2568	2584
5699	7546
1246	9986
6572	5961
3356	2387

아래 바둑판무늬의 네모판 안에 숨어있는 전투함을 찾아보세요.

크루저 1개

구축함 2개

잠수함 2개

⊕ **규칙**

▶ 가로줄과 세로줄에 적혀 있는 번호는 숨어 있는 전투함 조각의 개수를 의미해요.

▶ 전투함은 대각선으로 놓을 수 없어요.

▶ 전투함은 왼쪽, 오른쪽, 위쪽, 아래쪽으로는 맞닿을 수 없지만, 대각선으로는 맞닿을 수 있어요.

퍼즐 1

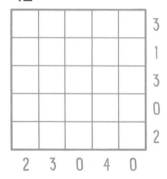

퍼즐 2

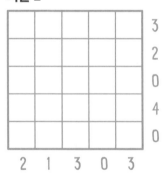

퍼즐 3

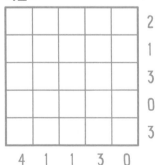

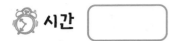

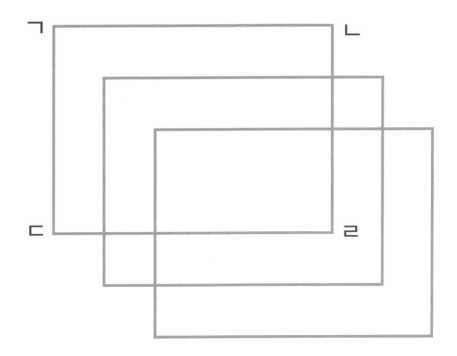

1) 직사각형은 모두 몇 개인가요?(네모는 모두 직사각형이에요.)

2) 직사각형의 선과 선이 만나는 지점은 모두 몇 개인가요?

3) 크기가 다른 직사각형은 모두 몇 개인가요?

4) 큰 직사각형이 서로 겹치는 부분에 작은 사각형들이 새롭게 만들어져요. 만약 여러분이 새로 생긴 사각형에 서로 다른 색으로 칠한다면, 모두 몇 개의 색이 필요할까요?

5) 만약 여러분이 'ㄱ에서 ㄹ까지' 그리고 'ㄴ에서 ㄷ까지' 선을 긋는다면, 서로 다른 크기의 삼각형은 모두 몇 개가 만들어질까요?

아래 숫자가 적힌 칸을 색칠하여 퍼즐을 완성해 보세요. 각 세로줄, 가로줄
에서 같은 숫자가 중복되지 않도록 해야 해요.

규칙

▶ 색칠된 칸은 대각선으로는 서로 만날 수 있지만, 위, 아래, 양 옆으로는 붙어 있을 수 없
어요.
▶ 색칠되지 않은 칸은 위, 아래, 양 옆으로 모두 연결되어야 해요!

예시를 보세요 ──────▶

4	2	5	1	5
5	3	1	2	4
2	1	2	4	3
5	3	4	1	1
3	4	4	5	2

퍼즐 1

2	1	3
3	3	3
3	2	1

퍼즐 2

2	1	1
1	3	1
3	2	3

모든 칸에 1부터 6까지의 숫자를 넣어 스도쿠 퍼즐을 완성하세요. 단, 가로줄, 세로줄, 굵은 선으로 표시된 2×3 사각형 안에는 같은 숫자가 겹치지 않도록 주의하세요.

			5	6	
		4		3	1
2	4		1		
	1	2			

'머니빌 왕국'의 사람들은 돈을 셀 때, '퀴들(q)'과 '쿼들(Q)'이라는 단위를 써요. 1쿼들(1Q)은 100퀴들(100q)을 의미해요. 자, 여기 6가지 종류의 동전이 있어요.

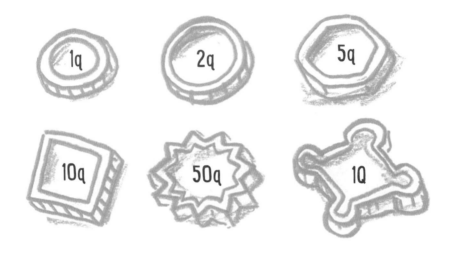

1) 만약 여러분이 모든 동전을 하나씩 갖고 있다면, 모두 얼마의 '퀴들'을 갖고 있을까요?

2) 1Q 동전을 사용하지 않고, 1Q을 만드는 데 필요한 최소한의 동전 수는 몇 개일까요?

3) 87q짜리 물건을 사려고 1Q 동전을 냈다면, 거스름돈으로 받을 수 있는 최소한의 동전 개수는 모두 몇 개일까요?

4) 친구에게 20q을 빌렸어요. 같은 동전을 2개 이하로만 사용해서 친구에게 다시 갚는다면, 동전의 최대 개수는 몇 개일까요?

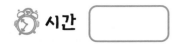

그림에 직선 3개를 그어 거미줄을 네 공간으로 나누어 보세요. 단, 나뉜 공간마다 거미 1개와 파리 2개가 꼭 있어야 해요.

🔧 힌트

▶ 1개 직선만 거미줄 밖에서 다른 거미줄 밖으로 지나가요. 나머지 2개 직선은 이 선과 만나요.

주사위 각 면에는 1부터 6까지의 숫자를 나타내는 점이 있어요.

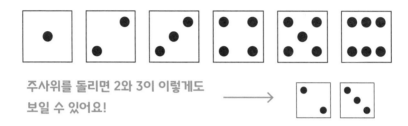

주사위를 돌리면 2와 3이 이렇게도
보일 수 있어요!

1) 주사위에 있는 점의 개수를 모두 더하면 얼마일까요?

아래 주사위는 점이 지워져서 어떤 숫자를 나타내는지 알 수 없어요.

2) 이 주사위에는 어떤 수가 나올 수 있을까요?

3) 이 세 개의 주사위로 만들 수 있는 가장 작은 수의 합과 가장 큰 수의 합은 얼마일까요?

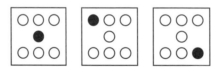

4) 이 세 개의 주사위로 만들 수 있는 가장 작은 수의 합과 가장 큰 수의 합은 얼마일까요?

5) 이 세 개의 주사위로 만들 수 있는 모든 수의 합은 얼마일까요?

시간

아래 그림에서 이 두 화분과 똑같은 것을 찾아보세요.

41

⏱ 시간 ⬜

모든 칸에 1부터 9까지의 숫자를 넣어 X자 모양의 스도쿠 퍼즐을 완성하세요. 단, 가로줄, 세로줄, 굵은 선으로 표시된 3×3 사각형, X자 모양으로 색칠된 대각선 칸 안에서는 같은 숫자가 겹치지 않도록 주의하세요.

	2		7	4	6		3	9
	4	3	2					6
7	9		5	1		4	8	2
6			9	2	5		7	1
	1	7	8		4	6	2	
3	5		6	7	1			8
1	6	8		5	7		9	4
4					2	8	5	
2	3		4	8	9		6	

42

 시간

퍼즐에 있는 색칠된 동그라미와 색칠되지 않은 동그라미를 모두 지나고 끊어지지 않는 선을 그려 아래 퍼즐을 완성하세요.

규칙

▶ 선은 가로 직선과 세로 직선만 사용할 수 있어요.
▶ 선은 모든 칸에 한 번씩만 지나갈 수 있어요.
▶ 색칠된 동그라미를 지날 때는 반드시 꺾여서 지나야 하고, 그 다음 칸까지 직선이 이어져야 해요.
▶ 색칠되지 않은 동그라미를 지날 때는 반드시 일직선으로 지나야 하고, 지나가기 바로 전이나 후에 한 번 꺾여야 해요.
▶ 동그라미가 없는 칸에서는 원하는 대로 이동하세요.
▶ 모든 칸을 다 지나가지 않아도 돼요.

퍼즐 1

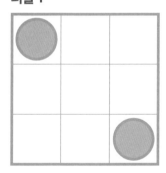

예시를 보세요 ⟶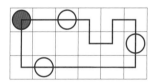

퍼즐 2

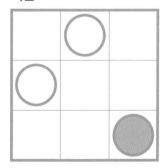

시간

아래 퍼즐에는 그림이 숨어 있어요. 규칙에 맞도록 색을 칠하면 그림이 나타나요! 퍼즐의 왼쪽과 위에 적혀 있는 숫자는, 그 숫자가 있는 가로줄과 세로줄에 색칠된 사각형의 수를 의미해요.

예를 들어, '2, 2'는 색칠된 사각형 2개가 서로 이어져 있고, 그 뒤에 적어도 한 개 이상의 빈칸이 있으며, 그다음 색칠된 사각형 2개가 있다는 걸 의미해요.

> **힌트**
>
> ▶ 반드시 비워둬야 하는 사각형에는 'X'로 표시해 두며 퍼즐을 풀어 보세요! 어느 사각형에 색칠을 해야 하는지 아는 데 도움이 될 거예요.

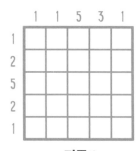

퍼즐 1

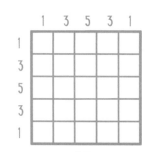

퍼즐 2

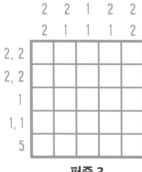

퍼즐 3

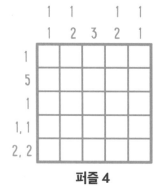

퍼즐 4

 시간

퍼즐 칸에서 다음 단어들을 찾아보세요. 단어는 위, 아래, 대각선 방향으로
똑바로 또는 거꾸로 적혀 있어요.

AEROPLANE 비행기   MINIBUS 미니버스   TANK 탱크
AMBULANCE 구급차   MOPED 모터달린 자전거   TAXI 택시
BICYCLE 자전거   MOTORBIKE 오토바이   TRACTOR 트랙터
BULLDOZER 불도저   ROCKET 로켓   TRAIN 기차
CAR 자동차   SCOOTER 스쿠터   TRAM 트램
COACH 우등버스   SHIP 배   TRUCK 트럭
LORRY 화물차   STEAMROLLER 스팀롤러   VAN 승합차

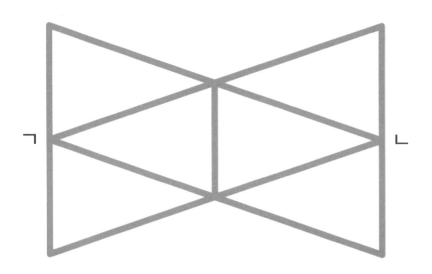

1) 삼각형이 모두 몇 개 있나요?

2) 크기가 다른 삼각형의 종류는 모두 몇 개인가요?

3) 위 그림을 그리는 데 필요한 직선의 수는 최소 몇 개인가요?

4) 모든 선을 한 번씩만 지나도록 하여 이 그림을 한 번에 그릴 수 있을까요?

5) 만약 여러분이 'ㄱ'에서 'ㄴ'으로 직선을 그린다면 삼각형은 모두 몇 개가 될까요?

시간

모든 칸에 1부터 6까지의 숫자를 넣어 스도쿠 퍼즐을 완성하세요. 단, 가로 줄, 세로줄, 굵은 선으로 표시된 6칸 안에서는 같은 숫자가 겹치지 않도록 주의하세요.

2			4	5	6
3		5			2
4			2		3
6	2	4			5

맨 아래에 있는 8개의 주사위 도미노를 빈칸에 배치하여 도미노 퍼즐을 완성하세요.

⚙ **규칙**

▶ 주사위 도미노는 같은 수끼리 붙어있어야 해요.
▶ 도미노는 한 번씩만 사용할 수 있어요.

시간

42

규칙을 보고 아래 퍼즐을 완성해 보세요.

⊕ 규칙

▶ 흰 칸에 1에서 9까지의 숫자를 쓸 수 있어요.
▶ 흰 칸에 적은 숫자의 합이 연하게 칠해진 칸 안에서 왼쪽 또는 위쪽에 적혀 있는 숫자와 같아야 해요.
▶ 흰 칸에 같은 숫자를 중복해서 적을 수 없어요. 예를 들어 총 '4'를 만들려면 '2'를 두 번 사용할 수 없고, '1'과 '3'을 사용해야 해요.

퍼즐 1

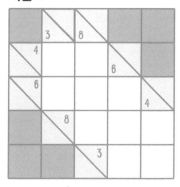

퍼즐 2

49

시간

다음 채소를 아래의 낱말 퍼즐에 적어 보세요. 가로 또는 세로로 쓸 수 있어요.

BEANS 콩

BEETROOT 비트

BROCCOLI 브로콜리

CABBAGE 양배추

CARROT 당근

CELERY 샐러리

CORN 옥수수

COURGETTE 호박

CRESS 갓

LEEK 부추

ONION 양파

POTATO 감자

SPROUT 작은 양배추

SWEDE 스웨덴 순무

TURNIP 순무

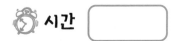

시간 [   ]

빈칸을 색칠해 아래 퍼즐을 풀어 보세요.

⊕ 규칙

▶ 숫자는 그 숫자가 있는 칸을 포함하여 색칠되어 있지 않은 칸의 개수를 나타내요.
▶ 어느 숫자가 포함된 빈칸은 다른 숫자가 포함된 빈칸과 가로나 세로 방향으로 붙어있을 수 없어요. 그렇지만 대각선은 가능해요!
▶ 색칠한 칸으로 2×2 블록을 만들 수는 없어요.
▶ 색칠한 칸은 가로 또는 세로 방향으로 모두 연결되어야 해요.

올바른 답   **틀린 답**

이 색칠된 칸들은 가로나 세로로 모두 연결되어 있지 않고, 2×2 블록이 있어서 틀린 답이에요.

퍼즐 1

퍼즐 2

시간

다음 규칙을 잘 보고 아래 퍼즐을 완성하세요.

규칙

▶ 칸 안에 적힌 모든 숫자는 그 아래에 있는 두 숫자를 더한 값이에요.

⏰ 시간 [　　　　　　]

이 퍼즐에서 빠져 있는 네 조각은 아래의 다른 조각들과 섞여 있어요. 퍼즐에 필요한 네 조각을 찾아보세요.

 시간

빈칸에 어떤 숫자가 오면 좋을까요? 아래 숫자 퍼즐을 완성해 보세요!

7	×	2	−		=	9
+		×		+		−
4	÷	2	+		=	
−		×		−		+
	+		−	5	=	2
=		=		=		=
	+	4	−		=	6

시간

각 점을 이어서 아래 퍼즐을 완성해 보세요.

규칙

- ▶ 반드시 끊어지지 않는 하나의 선을 그려야 하고, 가로선과 세로선만 사용하여 점을 이어 보세요.
- ▶ 선은 교차하거나 맞닿을 수 없어요.
- ▶ 적혀 있는 숫자를 생각하며 선을 그려야 해요. 예를 들어, 숫자 '1'은 사각형의 한쪽 면에 선이 있고 다른 세 면에는 선이 없다는 뜻이랍니다.
- ▶ 만약 칸 안에 숫자가 적혀 있지 않다면, 그곳에는 원하는 만큼 선을 만들 수 있어요.

예시를 보세요 ⟶

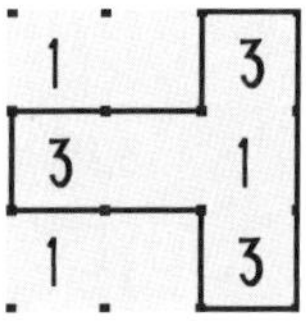

퍼즐 1

1	0	0	0
3	2		0
1		2	1
2	1	2	3

2	1	1	2
1			2
1			3
3	3	2	3

퍼즐 2

2	2	3	3	
1		2		2
1	2		1	3
3		2		3
	1	3	1	3

퍼즐 3

사각형을 색칠하여 퍼즐을 완성하세요. 단, 색칠하지 않은 숫자는 각 가로 줄과 세로줄에서 한 번씩 나와야 해요.

규칙

▶ 색칠된 사각형은 대각선으로는 만날 수 있지만, 위, 아래, 양 옆으로는 만날 수 없어요.

▶ 색칠되지 않은 모든 사각형은 위, 아래, 양 옆으로 연결되어야 해요!

예시를 보세요 ⟶

4	2	5	1	5
5	3	1	2	4
2	1	2	4	3
5	3	4	1	
3	4	4	5	2

퍼즐 1

3	1	2
2	3	1
2	1	1

퍼즐 2

2	2	3
1	1	2
2	3	1

퍼즐 3

1	1	3
3	3	2
2	3	1

 시간 [   ]

모든 사각형에 1부터 9까지의 숫자를 넣어 X자 모양의 스도쿠 퍼즐을 완성하세요. 단, 가로줄, 세로줄, 굵은 선으로 표시된 3×3 사각형 안에서 같은 숫자가 겹치지 않도록 주의하세요.

3		2	5	9		7		
	9		8	7	2	3		4	5
	5					3		
				4		8			6
4	6		1		7		3	2
8			2		9			
		6					5	
5	9		3	8	2	1		7
	3			1	5	4		8

아래 퍼즐 속에 숨어 있는 전투함을 찾아보세요.

크루저 1개
구축함 2개
잠수함 2개

규칙

▶ 가로줄과 세로줄에 적혀 있는 번호는 숨어 있는 전투함 조각의 개수를 의미해요.
▶ 배는 대각선으로 놓을 수 없어요.
▶ 배는 왼쪽, 오른쪽, 위쪽, 아래쪽으로는 맞닿을 수 없지만, 대각선으로는 맞닿을 수 있어요.

퍼즐 1

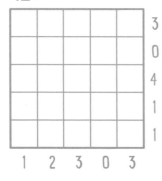

퍼즐 2

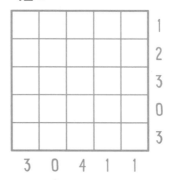

퍼즐 3

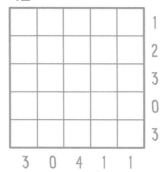

58

1) 팔을 하나라도 들고 있는 그림은 모두 몇 개인가요?

2) 두 발이 같은 방향으로 향하고 있는 그림은 모두 몇 개인가요?

3) 두 팔을 위나 아래로 두어 U자 모양을 만들고 있으면서 웃고 있는 그림은 모두 몇 개인가요?

4) 두 팔은 아래를 향하고 있으면서 한 발을 들고 있는 그림은 모두 몇 개인가요?

5) 허리에 손을 얹거나 웃고 있지 않은 그림은 모두 몇 개인가요?

맨 아래에 있는 6개의 주사위 도미노를 빈칸에 넣어 도미노 퍼즐을 완성하세요.

규칙

▶ 주사위 도미노는 같은 수끼리 만나야 해요.
▶ 도미노는 한 번씩만 사용할 수 있어요.

 시간 [   ]

모든 칸에 1부터 9까지의 숫자를 넣어 스도쿠 퍼즐을 완성하세요. 단, 가로
줄, 세로줄, 굵은 선으로 표시된 3×3 사각형 안에서 같은 숫자가 겹치지
않도록 주의하세요.

2	4					8	9	1
	6	7			3			
		9			2		3	
				3	8	1	4	
			1		9			
	8	2	4	7				
	7		6			2		
			2			3	1	
9	2	4					6	7

61

55

⏰ 시간 ☐

비슷하지만 방향이 다른 두 그림이 있어요. 10개의 서로 다른 부분을 찾아
보세요.

전기 단자에 숫자가 적혀 있어요. 단자 사이에 회로를 연결하여 퍼즐을 완성하세요.

⚙ 규칙

▶ 두 단자 사이에는 회로가 없거나 하나 또는 두 개가 있을 수 있어요.

▶ 각 단자에 적혀 있는 숫자는 회로가 총 몇 개 연결되어 있는지를 보여줘요.

▶ 모든 회로는 가로 직선과 세로 직선이어야 해요. 대각선 또는 곡선으로 연결할 수는 없어요.

▶ 선은 다른 선을 넘어갈 수 없어요.

▶ 회로는 단자에서 단자로 연결할 수 있고, 단자를 통과하거나 넘을 수 없어요.

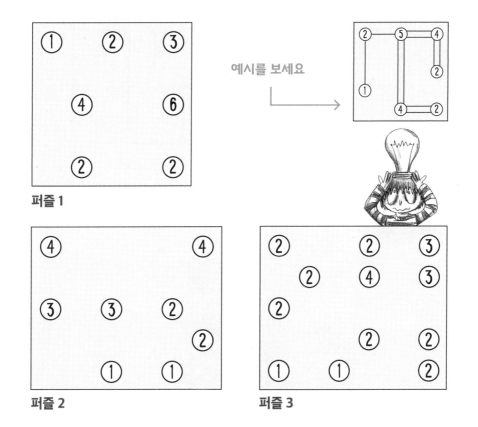

예시를 보세요

퍼즐 1

퍼즐 2

퍼즐 3

⏰ 시간 [　　　　　]

모든 칸에 1부터 6까지의 숫자를 넣어 스도쿠 퍼즐을 완성하세요. 단, 가로 줄, 세로줄, 굵은 선으로 표시된 6칸 안에서는 같은 숫자가 겹치지 않도록 주의하세요.

	4	3	1		
5					1
2	3		6		
		2		3	6
1					3
		1	4	2	

시간

1) 모두 몇 개의 삼각형이 있나요?

2) 같은 선을 중복하지 않고 한 번에 이 그림을 그려 보세요.

3) 서로 다른 모양이 겹치면서 새로운 모양이 만들어져요. 만약 여러분이 이 새로 생기는 모양에 서로 다른 색으로 칠한다면, 색은 모두 몇 개가 필요할까요?

4) 이 그림에서 면이 가장 많은 다각형은 모두 몇 개의 면을 갖고 있나요?

⏰ 시간 [   ]

규칙에 따라 아래 모양들에 색칠하고 그림을 찾아보세요.

⊕ **규칙**

▶ 7의 배수에 색칠하세요.

▶ 숫자 '2'가 있는 곳에 색칠하세요.

▶ 2의 배수이면서 5의 배수인 곳에 색칠하세요. (예를 들어 10은 2의 배수이자 5의 배수
이지만, 2와 5는 아니에요.)

▶ 3의 배수에 색칠하세요.

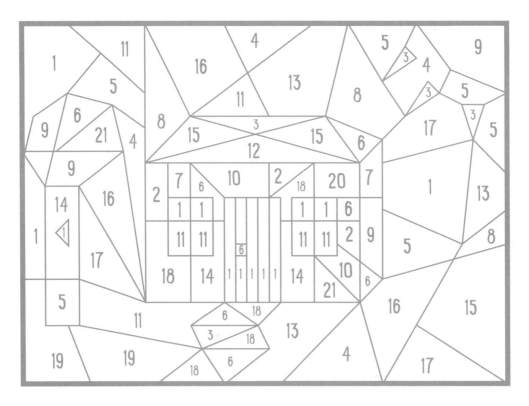

시간

아래 퍼즐을 완성해 보세요.

규칙

▶ 흰 칸에 1에서 9까지의 숫자를 쓸 수 있어요.
▶ 흰 칸에 적은 숫자의 합이 연하게 칠한 칸 안에서 왼쪽 또는 위쪽에 적혀 있는 숫자와 같아야 해요.
▶ 흰 칸에 같은 숫자를 중복해서 적을 수 없어요. 예를 들어 총 '4'를 만들려면 '2'를 두 번 사용할 수 없고, '1'과 '3'을 사용해야 해요.

퍼즐 1

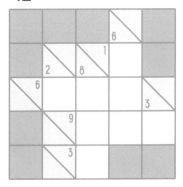

퍼즐 2

67

⏰ 시간 ⬜

세계 여러 나라의 '고맙습니다'라는 뜻의 단어예요. 단어를 다음의 퍼즐에서 찾아보세요. 위, 아래, 대각선 방향으로 똑바로 또는 거꾸로 적혀 있어요.

ARIGATO 일본

DANKE 독일

DEKUJI 체코

DOH JE 홍콩

DZIEKUJE 폴란드

EFHARISTO 그리스

GRACIAS 스페인

GRAZIE 이탈리아

KIITOS 핀란드

MERCI 프랑스

OBRIGADO 포르투갈

SPASIBO 러시아

TACK 스웨덴

TAKK 노르웨이

TERIMA KASIH 인도네시아

TODA 히브리어

O	R	O	A	H	A	F	O	O	S	E
A	D	O	T	I	C	S	I	S	U	I
R	I	A	T	S	P	T	A	I	E	O
I	T	E	N	A	I	I	C	J	O	U
G	B	R	S	K	C	R	U	D	K	I
A	T	I	K	A	E	K	A	A	I	J
T	B	A	R	M	E	G	I	H	O	U
O	T	G	K	I	I	T	O	S	F	K
Z	G	D	Z	R	R	D	O	H	J	E
Z	A	D	B	E	I	Z	A	R	G	D
S	R	O	A	T	T	J	T	H	E	P

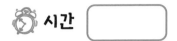시간

맨 아래에 있는 9개의 주사위 도미노를 빈 곳에 넣어 도미노 퍼즐을 완성하세요.

규칙

▶ 주사위 도미노는 같은 수끼리 만나야 해요.
▶ 도미노는 한 번씩만 사용할 수 있어요.

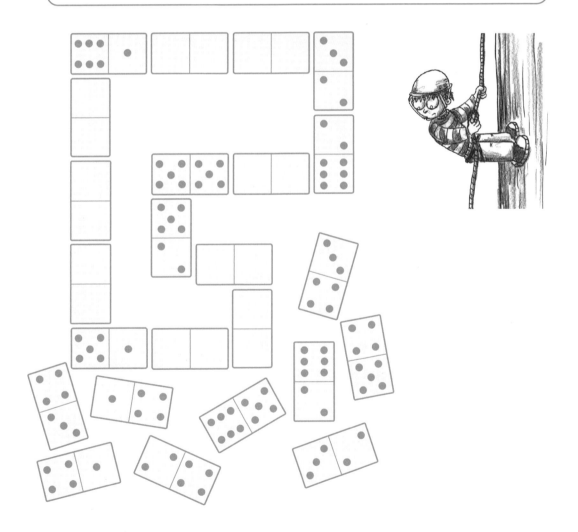

'머니빌' 왕국의 사람들은 돈을 셀 때, '퀴들리언(Qd)'이라는 단위를 써요. 자, 여기 6가지 종류의 지폐가 있어요.

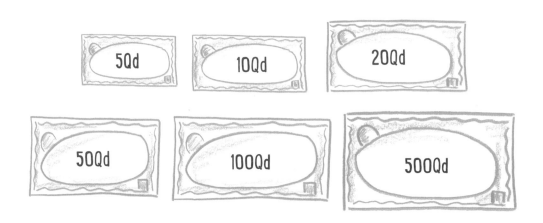

1) 만약 여러분이 모든 지폐를 하나씩 갖고 있다면, 모두 얼마의 '퀴들리언(Qd)'을 갖고 있을까요?

2) 만약 여러분이 95Qd짜리 물건을 산다면, 사용할 수 있는 가장 적은 수의 지폐는 무엇일까요?

3) 여러분은 지폐를 모두 2장씩 가지고 있어요. 만약 1365Qd짜리 물건을 산다면 지폐 몇 장이 남을까요?

4) 만약 여러분이 숫자 '5'로 시작하는 지폐만 사용한다면, 1105Qd짜리 물건을 사기 위해 필요한 가장 적은 수의 지폐는 무엇일까요?

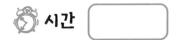

퍼즐에 있는 색칠된 동그라미와 색칠되지 않은 동그라미를 모두 지나고 끊어지지 않는 선을 그려 아래 퍼즐을 완성하세요.

⊕ 규칙

▶ 선은 가로 직선과 세로 직선만 사용할 수 있어요.
▶ 선은 모든 칸에 한 번씩만 지나갈 수 있어요.
▶ 색칠된 동그라미를 지날 때는 반드시 꺾여서 지나야 하고, 그 다음 칸까지 직선이 이어져야 해요.
▶ 색칠되지 않은 동그라미를 지날 때는 반드시 일직선으로 지나야 하고, 지나가기 바로 전이나 후에 한 번 꺾여야 해요.
▶ 동그라미가 없는 칸에서는 원하는 대로 이동하세요.
▶ 모든 칸을 다 지나가지 않아도 돼요.

퍼즐 1

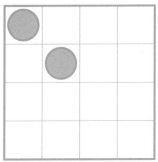

예시를 보세요

퍼즐 2

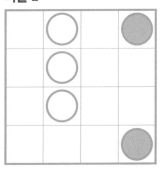

아래 그림에서 이 두 몬스터를 찾아보세요.

시간 [   ]

66

빈칸을 색칠해 아래 퍼즐을 풀어 보세요.

⚙ 규칙

▶ 숫자는 그 숫자가 있는 칸을 포함하여 색칠되어 있지 않은 칸의 개수를 나타내요.
▶ 어느 숫자가 포함된 빈칸은 다른 숫자가 포함된 빈칸과 가로나 세로 방향으로 붙어있을 수 없어요. 그렇지만 대각선은 가능해요!
▶ 색칠한 칸으로 2×2 블록을 만들 수는 없어요.
▶ 색칠한 칸은 가로 또는 세로 방향으로 모두 연결되어야 해요.

올바른 답   **틀린 답**

     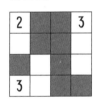

← 이 색칠된 칸들은 가로나 세로로 모두 연결되어 있지 않고, 2×2 블록이 있어서 틀린 답이에요.

퍼즐 1

2		
3		

퍼즐 2

1			3
	1		
	2		

73

⏱ 시간 [   ]

모든 칸에 1부터 9까지의 숫자를 넣어 스도쿠 퍼즐을 완성하세요. 단, 가로줄, 세로줄, 굵은 선으로 표시된 3×3 사각형 안에서 같은 숫자가 겹치지 않도록 주의하세요.

1		5				6	3	
	3						6	
	9	6	3	7				5
	6	4	2	5				
	7						5	
				8	3	4	2	
3				4	7	2	9	
	4						8	
		1	8			6		7

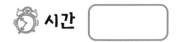 시간 [ ]

맨 아래에 있는 9개의 주사위 도미노를 빈 곳에 넣어 도미노 퍼즐을 완성하세요.

규칙

▶ 주사위 도미노는 같은 수끼리 만나야 해요.
▶ 도미노는 한 번씩만 사용할 수 있어요.

75

그림에 4개의 직선을 그어 동그란 창문을 네 공간으로 나누어 보세요. 단, 나뉜 각 공간 안에는 로켓, UFO, 별이 한 개씩 있어야 해요.

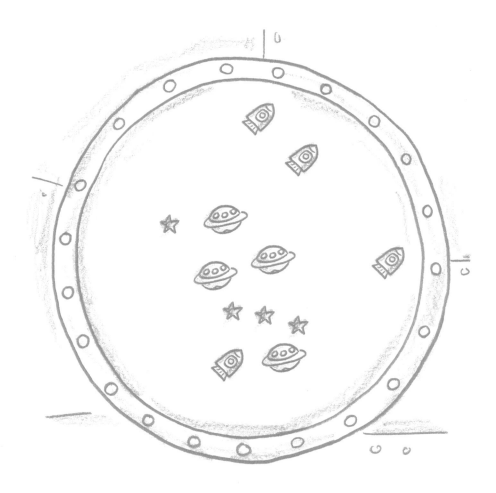

힌트

▶ 어느 직선도 동그란 창문 밖에서 시작하여 다른 쪽 밖으로 나가지 않아요. 모두 창문 밖에서 시작하여 안쪽에서 다른 선들과 만나요.

⏰ 시간 [＿＿＿＿＿]

모든 칸에 1부터 9까지의 숫자를 넣어 스도쿠 퍼즐을 완성하세요. 단, 가로 줄, 세로줄, 굵은 선으로 표시된 9칸 안에서는 같은 숫자가 겹치지 않도록 주의하세요.

9				1		3	4	6
		6	5	4	9	2		8
	7				8			9
	1			6		3		2
6		4				1		7
3		1		2			5	
8			7				4	
2		3	4	8	1	7		
	4	7	6		5			3

77

전기 단자에 숫자가 적혀 있어요. 단자 사이에 회로를 연결하여 퍼즐을 완성
하세요.

⊕ **규칙**

▶ 두 단자 사이에는 회로가 없거나 하나 또는 두 개가 있을 수 있어요.

▶ 각 단자에 적혀 있는 숫자는 회로가 총 몇 개 연결되어 있는지를 보여줘요.

▶ 모든 회로는 가로 직선과 세로 직선이어야 해요. 대각선 또는 곡선으로 연결할 수는 없어요.

▶ 선은 다른 선을 넘어갈 수 없어요.

▶ 회로는 단자에서 단자로 연결할 수 있고, 단자를 통과하거나 넘을 수 없어요.

예시를 보세요 ⟶

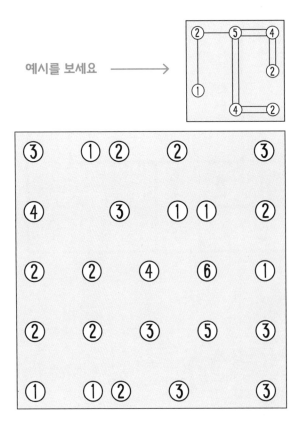

72

규칙을 보고 아래 퍼즐을 완성해 보세요.

규칙

▶ 흰 칸에 1에서 9까지의 숫자를 쓸 수 있어요.
▶ 흰 칸에 적은 숫자의 합이 연하게 색칠된 칸 안에서 왼쪽 또는 위쪽에 적혀 있는 숫자와 같아야 해요.
▶ 흰 칸에 같은 숫자를 중복해서 적을 수 없어요. 예를 들어 총 '4'를 만들려면 '2'를 두 번 사용할 수 없고, '1'과 '3'을 사용해야 해요.

79

시간

아래 퍼즐 속에 숨어 있는 전투함을 찾아보세요.

항공모함 1개
전함 1개
크루저 1개
구축함 2개
잠수함 2개

규칙

▶ 가로줄과 세로줄에 적혀 있는 번호는 숨어 있는 전투함 조각의 개수를 의미해요.

▶ 전투함은 대각선으로 놓을 수 없어요.

▶ 전투함은 왼쪽, 오른쪽, 위쪽, 아래쪽으로는 맞닿을 수 없지만, 대각선으로는 맞닿을 수 있어요.

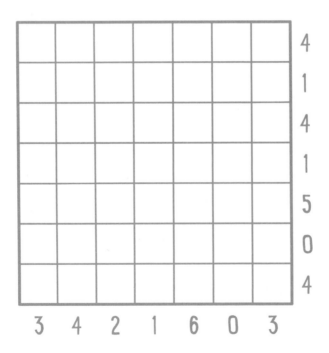

 시간 [ ]

모든 칸에 1부터 9까지의 숫자를 넣어 스도쿠 퍼즐을 완성하세요. 단, 가로
줄, 세로줄, 굵은 선으로 표시된 3×3 사각형 안에서 같은 숫자가 겹치지
않도록 주의하세요.

4	1		7					
				4	1			9
8		7	9		2			3
		4				2	6	1
	9						7	
6	2	8				5		
7			2		9	1		5
1				6	5			
					1		2	6

시간

비슷하지만 방향이 다른 두 그림이 있어요. 10개의 서로 다른 부분을 찾아보세요.

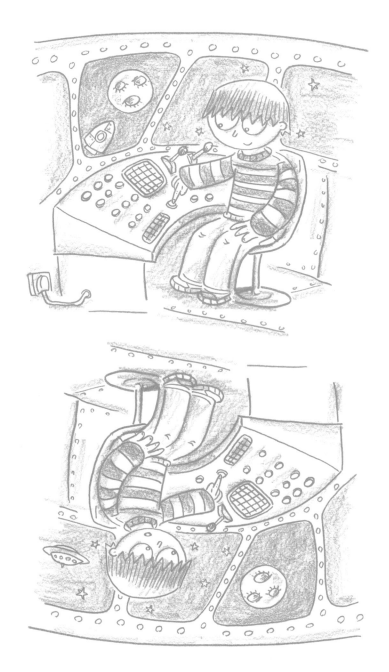

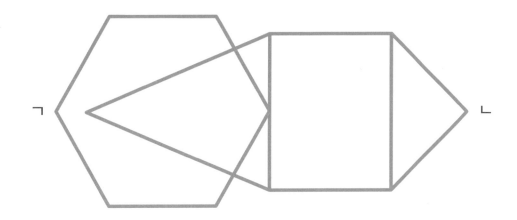

1) 모두 몇 개의 삼각형이 있나요?

2) 모두 몇 개의 사각형이 있나요? (사각형은 4개의 면으로 이루어져 있어요. 하지만 모든 면의 길이가 같아야 하는 것은 아니에요!)

3) 모두 몇 개의 육각형이 있나요? (육각형은 6개의 면으로 이루어져 있어요. 하지만 모든 면의 길이가 같아야 하는 것은 아니에요!)

4) 육각형과 삼각형이 겹치면서 새롭고 작은 모양들이 만들어져요. 만약 여러분이 새로운 모양을 서로 다른 색으로 칠한다면, 모두 몇 개의 색이 필요할까요?

5) 만약 여러분이 ㄱ에서 ㄴ으로 선을 긋는다면 삼각형이 모두 몇 개가 생길까요?

규칙을 보고 아래 퍼즐을 완성해 보세요.

⚙ **규칙**

▶ 흰 칸에 1에서 9까지의 숫자를 쓸 수 있어요.

▶ 흰 칸에 적은 숫자의 합이 연하게 색칠된 칸 안에서 왼쪽 또는 위쪽에 적혀 있는 숫자와 같아야 해요.

▶ 흰 칸에 같은 숫자를 중복해서 적을 수 없어요. 예를 들어 총 '4'를 만들려면 '2'를 두 번 사용할 수 없고, '1'과 '3'을 사용해야 해요.

퍼즐 1

퍼즐 2

1830년대에, 처음으로 사진 촬영 기술이 생겨났다. 사진은 움직임이 없는 것만 촬영하여 볼 수 있었지만, 사람들에게 빠르게 연속되는 것을 보여주기 위해 점차 발전되었다. 키네토스코프(Kinetoscope)라고 불리는 최초의 공공 시스템이 1893년에 공개되었는데, 이것을 작동시키기 위해서 영화관은 많은 그림이 담긴 필름을 넣어야만 했다. 이후 1895년에는 뤼미에르 형제가 시네마토그래프(Cinematograph)라는 세계 최초의 영사기로 만든 영화를 시연했다. 그러나 인기가 별로 없었다. 전체 상영시간이 1분에 불과했기 때문이다. 1926년에 비로소 소리가 나오는 영화가 제작되었고, 1934년에는 최초의 컬러 영화가 제작되었다. 그때부터 많은 영화가 보급되기 시작했다.

다음은 영화가 발달에 대한 이야기입니다. 자세히 써 있어요. 잘 읽고 아래의 질문에 답해 보세요.

1) 사진 촬영 기술은 몇 년도에 처음 생겼나요?

2) 소리가 나오는 첫 번째 영화는 언제 제작되었나요?

3) 영화를 상영하기 위한 최초의 공공 시스템의 이름은 무엇인가요?

4) 최초의 영화 시스템은 시네마토그래프 시 음은 수 있나요? 그리고 또한 세 음으로 시연했나요?

시간

🕐 시간 ☐

다음 숫자가 적힌 칸을 색칠하여 퍼즐을 완성해 보세요. 각 세로줄, 가로줄에서 같은 숫자가 중복되지 않도록 해야 해요.

규칙

▶ 색칠된 칸은 대각선으로는 서로 만날 수 있지만, 위, 아래, 양 옆으로는 붙어 있을 수 없어요.

▶ 색칠되지 않은 칸은 위, 아래, 양 옆으로 모두 연결되어야 해요!

예시를 보세요 ⟶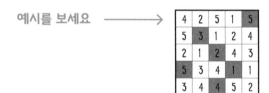

퍼즐 1

2	3	3	4
1	1	2	3
3	2	3	1
4	1	4	2

퍼즐 2

4	3	2	1
1	1	4	2
2	4	3	4
1	4	2	2

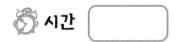

모든 칸에 1부터 9까지의 숫자를 넣어 스도쿠 퍼즐을 완성하세요. 단, 가로줄, 세로줄, 굵은 선으로 표시된 3×3 사각형 안에서 같은 숫자가 겹치지 않도록 주의하세요.

		9	1		4	2	6	
		3		8	5			
		4	2	6				
2	6		5					
3		4		8			2	
			2			7	5	
			1	9	3			
		6	4		8			
5	2	8		3	1			

시간

점과 점을 이어 퍼즐을 완성해 보세요.

규칙

▶ 반드시 끊어지지 않는 하나의 선으로 만들어야 하고, 가로 직선과 세로 직선만을 사용해 점을 연결해야 해요.

▶ 선은 다른 선과 만나거나 넘어갈 수 없어요.

▶ 숫자를 확인하며 사각형을 만들어야 해요. 예를 들어, 숫자 '1'은 한쪽 면에 선이 있고 다른 세 면에는 선이 없다는 뜻이랍니다.

▶ 만약 네모 안에 숫자가 적혀 있지 않다면, 그곳엔 필요한 만큼 선을 그어 면을 만들 수 있어요.

예시를 보세요 ⟶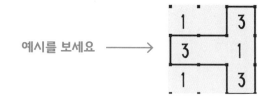

퍼즐 1

2	1	1	3
1			3
1			2
2	2	3	3

퍼즐 2

3	2	2	3	3	3
3	2		1	2	1
3	1	1	1		3
2		2	1	1	2
3	2	3		3	3
2	2	2	1	2	2

 시간 [ ]

퍼즐 칸에서 다음의 단어들을 찾아보세요. 단어는 위, 아래, 대각선 방향으로 똑바로 또는 거꾸로 적혀 있어요.

ALTOCUMULUS 고적운   **CIRRUS** 권운
ALTOSTRATUS 고층운   **CUMULONIMBUS** 적란운
CIRROCUMULUS 권적운   **NIMBOSTRATUS** 난층운
CIRROSTRATUS 권층운   **STRATOCUMULUS** 층적운

S	S	U	B	M	I	N	O	L	U	M	U	C	C
C	U	U	L	S	S	U	U	O	U	O	T	R	
L	S	U	T	A	R	T	S	O	B	M	I	N	T
N	U	S	M	A	S	R	M	U	S	M	U	R	T
O	T	S	O	L	R	A	I	C	L	U	O	L	S
T	A	U	T	T	T	R	T	C	B	A	T	M	
T	R	S	A	O	C	O	S	S	M	S	T	U	T
L	T	R	T	C	O	C	M	O	M	U	M	O	S
U	S	U	L	U	M	U	C	O	R	R	I	C	L
R	O	A	I	M	T	M	C	L	C	R	R	T	U
O	T	N	L	U	B	U	L	N	M	I	I	O	M
T	L	R	U	L	M	L	I	S	L	C	O	C	T
B	A	I	L	U	T	U	A	L	C	M	C	U	U
O	S	I	S	S	I	S	U	U	L	L	C	U	U

⏱ 시간 ☐

아래 퍼즐에는 그림이 숨어 있어요. 규칙에 맞도록 색을 칠하면 그림이 나타나요! 퍼즐의 왼쪽과 위에 적혀 있는 숫자는, 그 숫자가 있는 가로줄과 세로줄에 색칠된 칸의 수를 의미해요.

예를 들어, '2, 2'는 색칠된 칸 2개가 서로 이어져 있고, 그 뒤에 적어도 한 개 이상의 빈칸이 있으며, 그다음 색칠된 칸 2개가 있다는 걸 의미해요.

	1	3	5	3	1
3					
5					
3					
1					
1					

퍼즐 1

	1		1				1		1		
	2	1	2	2	2	2	2	2	1	2
	2	3	3	2	2	2	2	3	3	2
4, 4										
1, 1										
2, 2										
2, 2										
0										
2										
2, 2, 2										
3, 3										
8										
6										

퍼즐 2

⊕ 힌트

▶ 반드시 비워둬야 하는 칸에는 'X'로 표시해 두며 퍼즐을 풀어 보세요! 어느 칸에 색칠을 해야 하는지 아는 데 도움이 될 거예요.

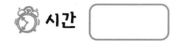 시간

숫자판에서 아래의 숫자들을 찾아보세요! 숫자는 가로, 세로, 대각선 방향으로 적혀 있어요.

9	2	1	9	3	1	6	8	1
1	4	8	9	6	3	6	2	1
6	2	5	3	2	7	4	5	3
3	1	8	4	9	8	5	9	5
2	8	6	2	3	5	9	2	1
9	3	7	5	6	4	7	9	5
4	2	4	7	5	6	2	8	8
7	6	5	4	1	5	2	6	3
6	1	9	8	5	8	6	2	2
4	8	7	7	6	5	9	7	4

2359	5832
7854	6749
8622	3526
4697	9934
1135	8771

시간 [ ]

모든 칸에 1부터 6까지의 숫자를 넣어 스도쿠 퍼즐을 완성하세요. 단, 가로
줄, 세로줄, 굵은 선으로 표시된 9칸 안에서는 같은 숫자가 겹치지 않도록
주의하세요.

5	3	2	9					1
	6	4	7		9	3	5	
					8		6	3
4						2		
6	4	9	1		2	5	3	7
		1						5
2	9		8					
	2	8	3		6		1	7
1					3	8	2	9

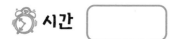 시간 [   ]

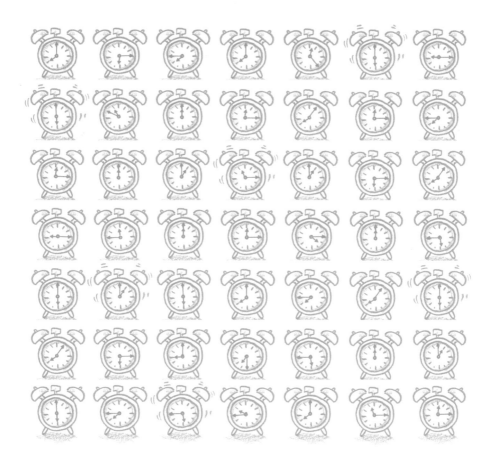

1) 시계가 모두 몇 개인가요?

2) 울리고 있는 시계는 모두 몇 개인가요?

3) 15분을 가리키고 있는 시계는 모두 몇 개인가요?

4) '정각 15분 전' 또는 '정각'인 시계는 모두 몇 개인가요?

5) '11시 15분' 또는 '8시 5분'인 시계는 모두 몇 개인가요?

6) 서로 다른 시간을 가리키고 있는 시계는 모두 몇 종류인가요?

주사위 각 면에는 1부터 6까지의 숫자를 나타내는 점이 있어요.

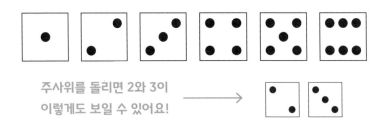

주사위를 돌리면 2와 3이
이렇게도 보일 수 있어요!

1) 주사위를 차례로 두 번 굴려서 총 7개의 점이 나타날 수 있는 방법은 몇 개일까요?

아래 주사위는 점이 지워져서 각 주사위가 어떤 숫자를 나타내는지 확인할 수 없어요.

2) 이 두 개의 주사위로 만들 수 있는 가장 작은 수의 합과 가장 큰 수의 합은 얼마일까요?

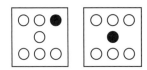

3) 이 두 개의 주사위로 만들 수 있는 가장 작은 수의 합과 가장 큰 수의 합은 얼마일까요?

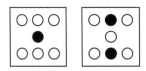

4) 이 두 개의 주사위로 만들 수 있는 합계는 각각 무엇인가요?

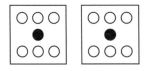

5) 4)와 같은 주사위를 사용하여 모두 몇 개의 다른 더블을 만들 수 있나요?

   (더블은 같은 값의 주사위가 나오는 거예요.)

시간

88

가로와 세로에 적힌 것을 계산하고 빈칸에 답을 적어 퍼즐을 완성해 보세요!

가로	세로
1. 560+19	1. 70−13
3. 31+48	2. 100−9
5. 12+5	4. 구천이백사십육
7. 28×3	6. 90−12
9. 6×6	8. 천칠백육십칠
10. 77−4	11. 27+8
12. 100−8	12. 150−51
13. 6000+549	14. 102×4
15. 24÷2	15. 144÷12
17. 40+8	16. 48÷2
18. 500−255	

89

그림에 4개의 직선을 그어 들판을 다섯 공간으로 나누어 보세요. 단, 나누어진 각 공간에는 양, 덤불, 나무가 1개씩 있어야 해요.

힌트

▶ 1개 직선만 들판의 바깥에서 다른 바깥으로 지나가요. 나머지 3개 직선은 들판의 바깥에서 시작하여 다른 직선과 만나요.

🕐 시간 [   ]

모든 칸에 1부터 9까지의 숫자를 넣어 스도쿠 퍼즐을 완성하세요. 단, 가로
줄, 세로줄, 굵은 선으로 표시된 3×3 사각형 안에서 같은 숫자가 겹치지 않
도록 주의하세요.

3	9				6		4	1
				5				
7				1			5	2
2	6		8	7				
9				4				6
				9	1		3	4
4	7				8			9
				2				
8	1		7				2	3

정답

정답

5	3	4	6	2	1
4	1	5	2	6	3
2	6	3	1	5	4
6	5	1	3	4	2
3	4	2	5	1	6
1	2	6	4	3	5

정답

02

Y	P	M	L	Y	R	R	N	N	S	N
R	R	I	M	R	E	O	A	A	A	E
R	M	R	N	R	M	L	K	T	C	C
E	R	E	E	E	C	E	I	S	T	T
B	B	P	L	B	A	M	W	U	A	A
P	E	A	R	K	W	P	I	M	R	R
S	R	R	N	C	E	A	P	A	I	I
A	E	G	N	A	R	O	R	L	N	N
R	M	R	C	L	N	C	R	T	E	E
U	R	H	L	B	P	A	A	L	S	S

퍼즐 1

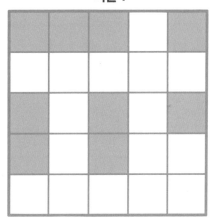

퍼즐 2

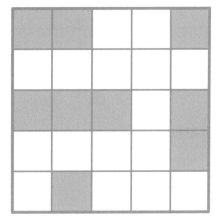

8	1	4	5	2	9	7	3	6
6	5	2	7	3	1	4	9	8
9	7	3	8	6	4	2	1	5
7	4	9	1	8	5	3	6	2
5	6	1	3	7	2	9	8	4
3	2	8	9	4	6	5	7	1
1	9	7	2	5	8	6	4	3
4	3	5	6	1	7	8	2	9
2	8	6	4	9	3	1	5	7

8	−	5	+	4	=	7
+		+		+		×
8	+	6	÷	7	=	2
−		−		−		−
9	×	2	÷	3	=	6
=		=		=		=
7	+	9	−	8	=	8

정답

1) 49개

2) 27개

3) 12개

4) 66개

5) 32개

6) 11개

7) 0개

1) 6개

2) 4개

3) 16개

4) 17개

5) 4개

정답

5	4	1	2	6	3
3	6	5	4	2	1
1	2	3	6	4	5
6	5	4	1	3	2
2	3	6	5	1	4
4	1	2	3	5	6

정답

1) 최초의 컴퓨터는 1822년에 발명되었어요.

2) 애니악(ENIAC)의 무게는 30톤(30t)이에요.

3) 찰스 배비지(Charles Babbage)는 원래 컴퓨터를 '신형 엔진'이라 불렀어요.

4) 애니악(ENIAC)은 미국에서 만들었어요.

5) 기계식 톱니바퀴로 움직였어요.

퍼즐 1

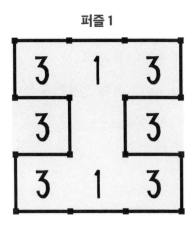

퍼즐 2

퍼즐 3

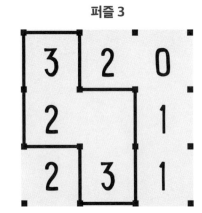

퍼즐 1

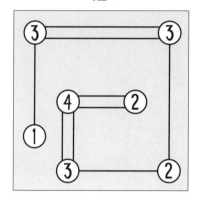

퍼즐 2

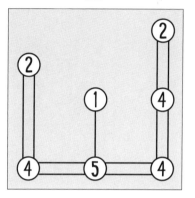

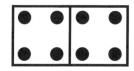

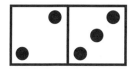

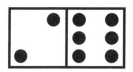

정답

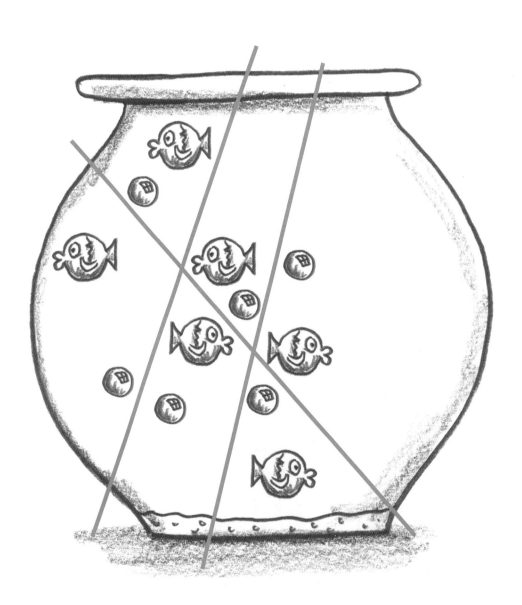

 정답

3	7	8	1	4	5	6	9	2
6	9	5	3	2	8	4	1	7
4	2	1	9	7	6	8	3	5
8	5	6	4	3	9	7	2	1
7	3	9	2	8	1	5	4	6
1	4	2	5	6	7	9	8	3
5	1	4	7	9	3	2	6	8
9	8	3	6	5	2	1	7	4
2	6	7	8	1	4	3	5	9

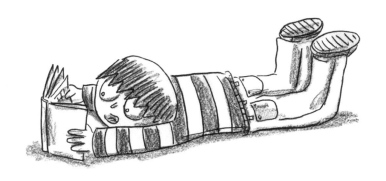

정답

29	1	29	7	23	31	29	1	7	18
23	53	31	43	1	53	43	23	85	13
37	41	1	37	43	49	31	20	19	65
7	29	7	23	29	1	50	5	70	95
23	2	31	49	53	23	22	27	55	23
90	24	8	53	1	84	16	17	43	49
12	15	3	18	40	15	6	47	41	37
1	30	21	15	14	4	22	37	29	7
29	7	13	14	62	9	23	31	53	23
43	23	37	25	12	7	49	29	31	1

정답

퍼즐 1

				3
		3	5\2	2
	4\6	2	3	1
6	3	1	2	
1	1			

퍼즐 2

			6	3
		6\4	3	1
	4\6	3	1	2
6	3	1	2	
3	1	2		

정답

20

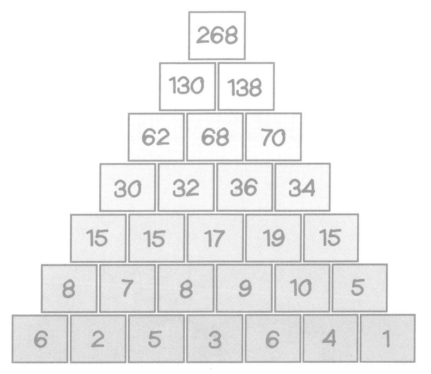

268

130 138

62 68 70

30 32 36 34

15 15 17 19 15

8 7 8 9 10 5

6 2 5 3 6 4 1

정답

1	2	5	4	3	6
5	3	6	1	2	4
6	4	3	2	5	1
3	6	1	5	4	2
2	5	4	6	1	3
4	1	2	3	6	5

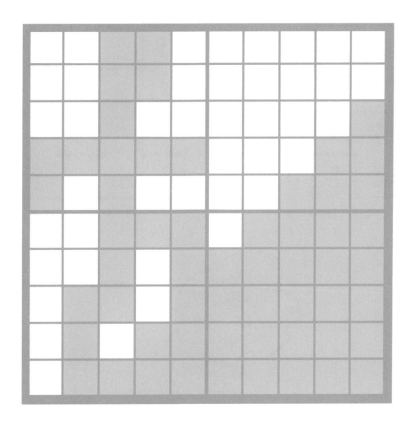

정답

퍼즐 1

퍼즐 2

퍼즐 3

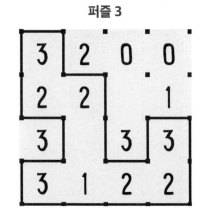

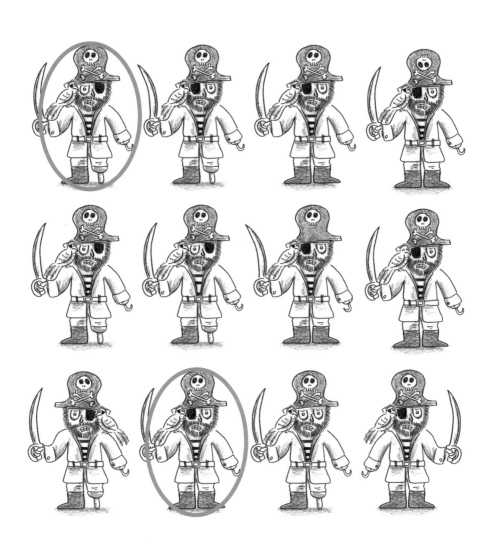

정답

3	2	6	1	4	5
4	1	5	3	6	2
6	5	4	2	3	1
2	6	3	5	1	4
5	4	1	6	2	3
1	3	2	4	5	6

26

0	0	5	0	4	5	9	3	4
2	1	6	4	8	7	8	2	8
1	2	9	3	4	9	6	1	5
3	3	4	6	2	0	5	7	1
5	8	5	8	7	9	2	4	2
3	7	2	9	4	5	6	3	1
1	9	4	8	6	7	8	1	2
6	3	8	1	7	3	5	6	3
9	8	6	5	0	7	6	4	8
8	1	9	8	4	1	2	4	6

27

퍼즐 1

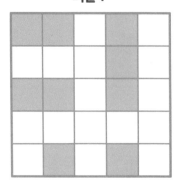

퍼즐 2

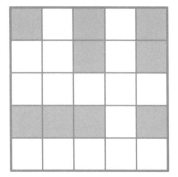

퍼즐 3

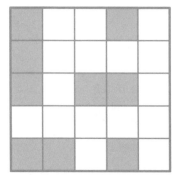

1) 8개

2) 6개

3) 4개

4) 7개

5) 15개

정답

퍼즐 1

2	1	3
3	3	3
3	2	1

퍼즐 2

2	1	1
1	3	1
3	2	3

4	3	1	6	2	5
1	2	3	5	6	4
6	5	4	2	3	1
2	4	6	1	5	3
5	1	2	3	4	6
3	6	5	4	1	2

1) 168퀴들 (100퀴들+50퀴들+10퀴들+5퀴들+2퀴들+1퀴들)

2) 동전 2개 (50퀴들+50퀴들)

3) 동전 3개 (10퀴들+2퀴들+1퀴들)

4) 동전 5개 (10퀴들+5퀴들+2퀴들+2퀴들+1퀴들)

1) 21개

2) 2, 3, 4, 5, 6

3) 가장 작은 수의 합은 5, 가장 큰 수의 합은 17

4) 가장 작은 수의 합은 7, 가장 큰 수의 합은 15

5) 10, 12, 14, 16

35

정답

8	2	1	7	4	6	5	3	9
5	4	3	2	9	8	7	1	6
7	9	6	5	1	3	4	8	2
6	8	4	9	2	5	3	7	1
9	1	7	8	3	4	6	2	5
3	5	2	6	7	1	9	4	8
1	6	8	3	5	7	2	9	4
4	7	9	1	6	2	8	5	3
2	3	5	4	8	9	1	6	7

정답

36

퍼즐 1

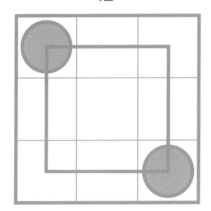

퍼즐 2

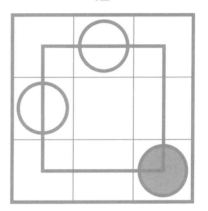

정답

퍼즐 1

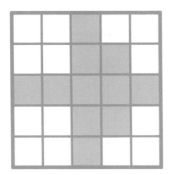

퍼즐 2

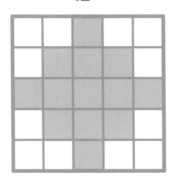

퍼즐 3

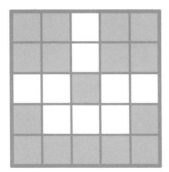

퍼즐 4

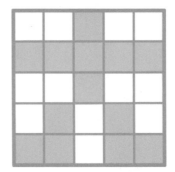

정답

38

S	H	I	P	C	M	E	T	S	I	U
O	C	S	C	O	O	T	E	R	X	C
T	B	U	A	A	P	T	C	E	A	O
R	U	B	C	C	E	R	N	L	T	M
U	L	I	Y	H	D	A	A	C	R	C
C	L	N	R	C	L	I	L	Y	O	A
K	D	I	R	P	R	N	U	C	C	A
O	O	M	O	T	O	R	B	I	K	E
Z	Z	R	L	V	A	N	M	B	E	A
R	E	L	L	O	R	M	A	E	T	S
A	R	O	T	C	A	R	T	A	N	K

137

1) 8개

2) 2개

3) 7개

4) 네

5) 18개

2	1	3	4	5	6
3	6	5	1	4	2
5	4	2	6	3	1
1	3	6	5	2	4
4	5	1	2	6	3
6	2	4	3	1	5

정답

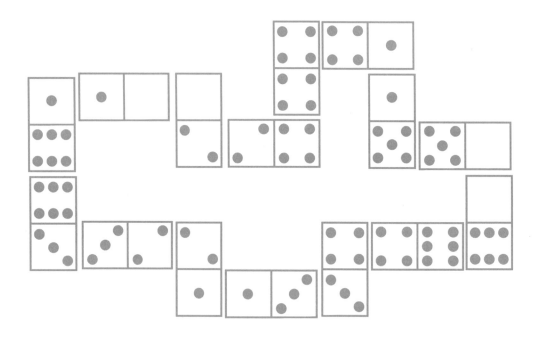

정답

42

퍼즐 1

		9		
	3	3	6	1
	7 / 3	4	2	1
6	3	2	1	
			3 / 3	

퍼즐 2

	3	8		
4	1	3	6	
6	2	1	3	4
	8	4	1	3
		3	2	1

43

정답

```
      B E A N S         C           O
  B       P O T A T O   O           N
  R     C     R         A   B       I
  R     O     O         B   B       O
  O     U     U         B   E E T R O O T
  C     U     T         A   R N     O
  C A R R O T           G   C       N
  O   █ G               C E L E R Y
  L E E K                   R
  I     T                   E
        T U R N I P         S W E D E
        E
```

142

퍼즐 1

1		1
		3

퍼즐 2

2		2

정답

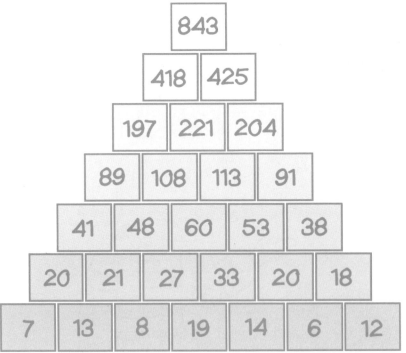

7	×	2	−	5	=	9
+		×		+		−
4	÷	2	+	3	=	5
−		×		−		+
6	+	1	−	5	=	2
=		=		=		=
5	+	4	−	3	=	6

 정답

 48

퍼즐 1

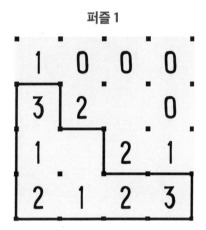

퍼즐 2

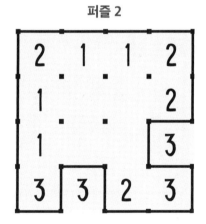

퍼즐 3

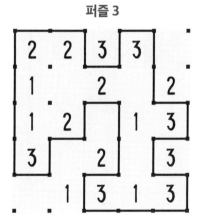

퍼즐 1

3	1	2
2	3	1
2	1	1

퍼즐 2

2	2	3
1	1	2
2	3	1

퍼즐 3

1	1	3
3	3	2
2	3	1

정답

50

3	4	2	5	9	6	7	8	1
9	1	8	7	2	3	6	4	5
6	5	7	8	4	1	3	2	9
2	7	5	4	3	8	9	1	6
4	6	9	1	5	7	8	3	2
8	3	1	2	6	9	5	7	4
1	8	6	9	7	4	2	5	3
5	9	4	3	8	2	1	6	7
7	2	3	6	1	5	4	9	8

퍼즐 1

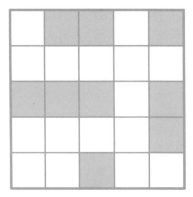

퍼즐 2

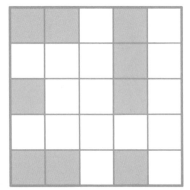

퍼즐 3

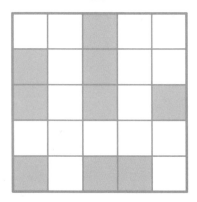

 정답

1) 12명

2) 18명

3) 6명

4) 4명

5) 16명

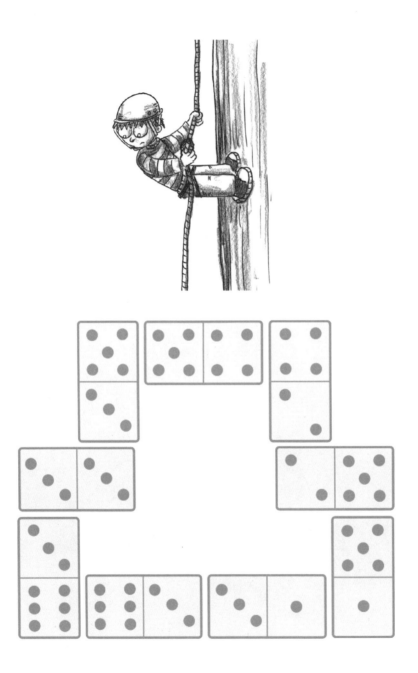

152

2	4	3	7	6	5	8	9	1
8	6	7	9	1	3	4	2	5
5	1	9	8	4	2	7	3	6
7	9	6	5	3	8	1	4	2
4	3	5	1	2	9	6	7	8
1	8	2	4	7	6	9	5	3
3	7	1	6	5	4	2	8	9
6	5	8	2	9	7	3	1	4
9	2	4	3	8	1	5	6	7

정답

퍼즐 1

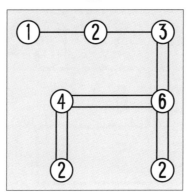

퍼즐 2

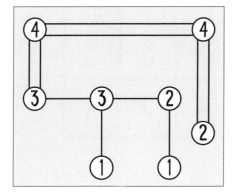

퍼즐 3

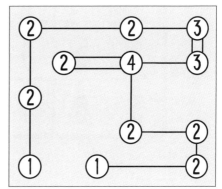

정답

6	4	3	1	5	2
5	2	6	3	4	1
2	3	5	6	1	4
4	1	2	5	3	6
1	5	4	2	6	3
3	6	1	4	2	5

1) 5개

2) 네

3) 15개

4) 17개

59

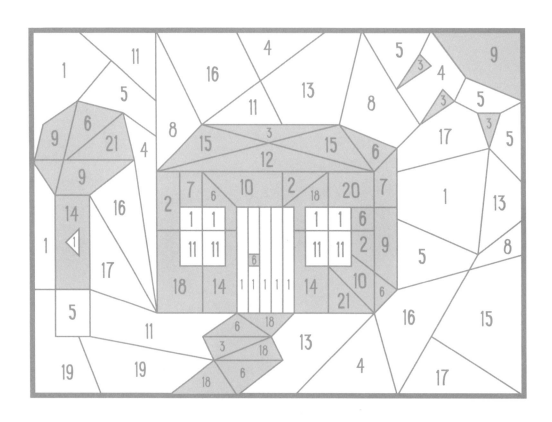

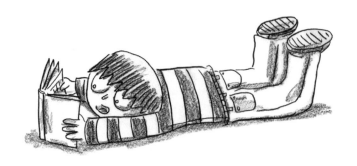

정답

60

퍼즐 1

	3	6		4
4	3	1	6 / 1	1
7 / 6	2	1	3	
9	4	3	2	2
3	3	5	3	2

퍼즐 2

			6	
	2 / 8	1	1	
6	2	1	3	3
	9	4	2	3
	3	3		

61

O	R	O	A	H	A	F	O	O	S	E
A	D	O	T	I	C	S	I	S	U	I
R	I	A	T	S	P	T	A	I	E	O
I	T	E	N	A	I	I	C	J	O	U
G	B	R	S	K	C	R	U	D	K	I
A	T	I	K	A	E	K	A	A	I	J
T	B	A	R	M	E	G	I	H	O	U
O	T	G	K	I	I	T	O	S	F	K
Z	G	D	Z	R	R	D	O	H	J	E
Z	A	D	B	E	I	Z	A	R	G	D
S	R	O	A	T	T	J	T	H	E	P

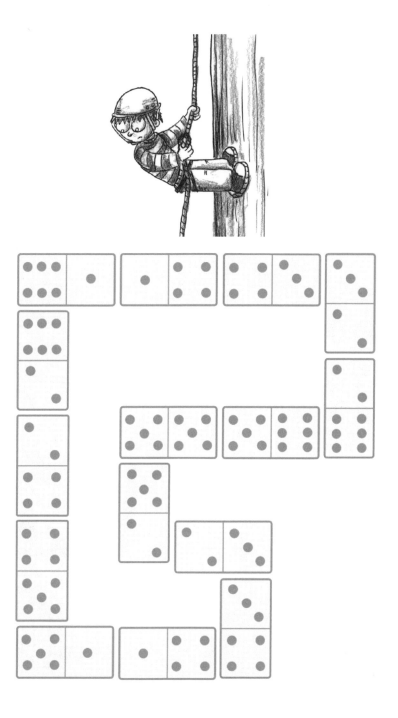

1) 685퀴들리언(Qd)

2) 지폐 4장 (50퀴들리언 + 20퀴들리언 + 20퀴들리언 + 5퀴들리언)

3) 지폐 1장 (5퀴들리언)

4) 지폐 5장 (500퀴들리언 + 500퀴들리언 + 50퀴들리언 + 50퀴들리언 + 5퀴들리언)

퍼즐 1

퍼즐 2

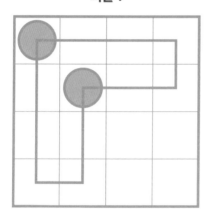

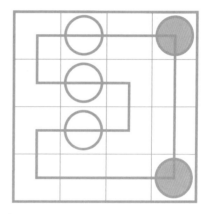

66

퍼즐 1

2		
3		

퍼즐 2

1			3
	1		
	2		

165

정답

1	8	5	4	9	6	3	7	2
7	3	2	5	1	8	9	6	4
4	9	6	3	7	2	8	1	5
8	6	4	2	5	1	7	3	9
2	7	3	9	6	4	1	5	8
5	1	9	7	8	3	4	2	6
3	5	8	6	4	7	2	9	1
6	4	7	1	2	9	5	8	3
9	2	1	8	3	5	6	4	7

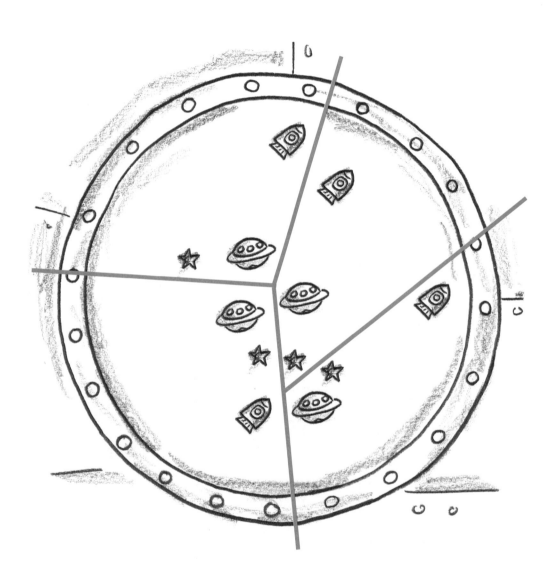

70

9	8	2	1	7	3	4	6	5
7	3	6	5	4	9	2	1	8
4	7	5	2	1	8	6	3	9
5	1	8	9	6	4	3	7	2
6	9	4	3	5	2	1	8	7
3	6	1	8	2	7	9	5	4
8	2	9	7	3	6	5	4	1
2	5	3	4	8	1	7	9	6
1	4	7	6	9	5	8	2	3

정답

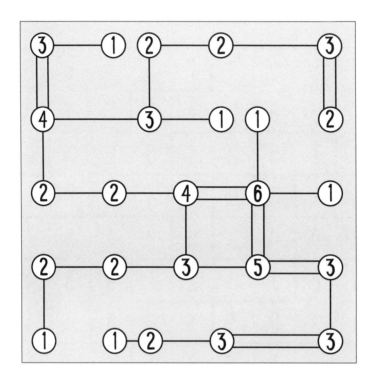

170

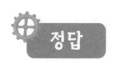

정답

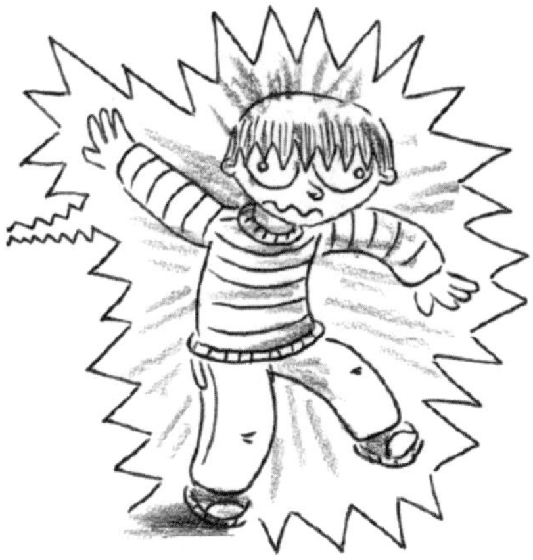

			5\	10\	2\
	4\	10\6	1	3	2
\10	3	2	4	1	4\
\4	1	3	3\3	2	1
	2\10	1	2	4	3
\7	2	4	1		

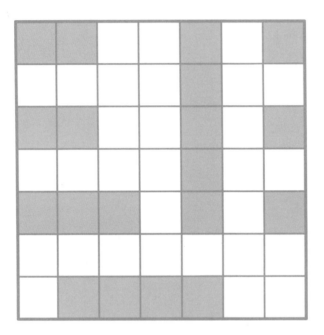

정답

4	1	9	7	8	3	6	5	2
2	5	3	4	1	6	7	8	9
8	6	7	9	5	2	4	1	3
3	7	4	5	9	8	2	6	1
5	9	1	6	2	4	3	7	8
6	2	8	1	3	7	5	9	4
7	8	6	2	4	9	1	3	5
1	3	2	8	6	5	9	4	7
9	4	5	3	7	1	8	2	6

정답

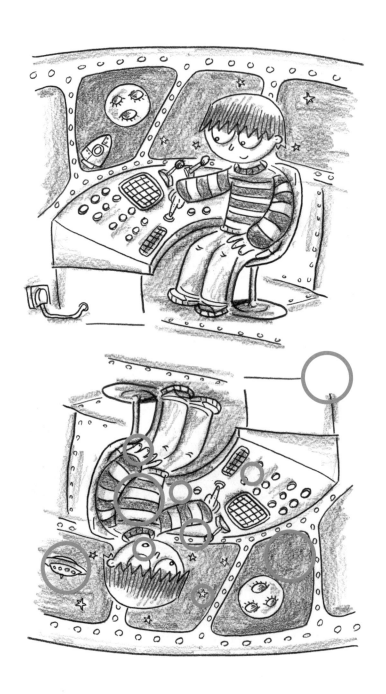

1) 삼각형 4개

2) 사각형 4개

3) 육각형 4개

4) 색 6가지

5) 삼각형 10개

퍼즐 1

	6	3			
3	1	2	6		7
6	3	1	2	2	2
2	2	7	1	2	4
		8	3	4	1
		1		1	

퍼즐 2

	8	2	4		
6	1	2	3	3	
3	3	3	1	2	4
6	4	2	4	1	3
	4	1	3	1	1
		3	2	1	

정답

1) 사진 촬영 기술은 1830년대에 생겨났어요.

2) 사운드가 담긴 첫 번째 영화는 1926년에 제작되었어요.

3) 영화를 상영하는 최초의 공공 시스템의 이름은 키네토스코프(Kinetoscope)예요.

4) 뤼미에르 형제는 첫 번째 영사기 시스템을 1895년에 시연했어요.

 정답

퍼즐 1

2	3	3	4
1	1	2	3
3	2	3	1
4	1	4	2

퍼즐 2

4	3	2	1
1	1	4	2
2	4	3	4
1	4	2	2

정답

80

5	7	9	1	3	4	2	6	8
2	6	3	9	8	5	4	1	7
1	8	4	2	6	7	5	3	9
4	2	6	7	5	1	9	8	3
7	3	5	4	9	8	6	2	1
8	9	1	3	2	6	7	5	4
6	4	8	5	1	9	3	7	2
3	1	7	6	4	2	8	9	5
9	5	2	8	7	3	1	4	6

퍼즐 1

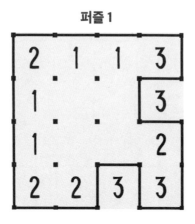

퍼즐 2

3	2	2	3	3	3
3	2		1	2	1
3	1	1	1		3
2		2	1	1	2
3	2	3		3	3
2	2	2	1	2	2

정답

82

S	S	U	B	M	I	N	O	L	U	M	U	C	C
C	U	U	L	S	S	S	U	U	O	U	O	T	R
L	S	U	T	A	R	T	S	O	B	M	I	N	T
N	U	S	M	A	S	R	M	U	S	M	U	R	T
O	T	S	O	L	R	A	I	C	L	U	O	L	S
T	A	U	T	T	T	R	T	C	B	A	T	M
T	R	S	A	O	C	O	S	S	M	S	T	U	T
L	T	R	T	C	O	C	M	O	M	U	M	O	S
U	S	U	L	U	M	U	C	O	R	R	I	C	L
R	O	A	I	M	T	M	C	L	C	R	R	T	U
O	T	N	L	U	B	U	L	N	M	I	I	O	M
T	L	R	U	L	M	L	I	S	L	C	O	C	T
B	A	I	L	U	T	U	A	L	C	M	C	U	U
O	S	I	S	S	I	S	U	U	L	L	C	U	U

181

퍼즐 1

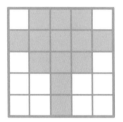

퍼즐 2

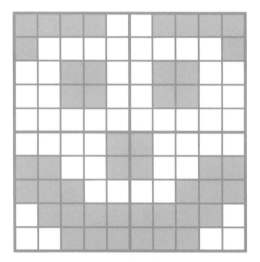

정답

84

9	2	1	9	3	1	6	8	1
1	4	8	9	6	3	6	2	1
0	2	5	9	2	7	4	5	3
3	1	8	4	9	8	5	9	5
2	8	6	2	8	6	9	2	1
9	3	7	5	6	4	7	9	5
4	2	4	7	5	6	2	8	8
7	6	5	4	1	5	2	6	3
6	1	9	8	5	0	6	2	9
4	8	7	7	6	5	9	7	4

183

정답

5	3	2	9	6	4	7	8	1
8	6	4	7	1	9	3	5	2
7	1	5	4	2	8	9	6	3
4	5	7	6	3	1	2	9	8
6	4	9	1	8	2	5	3	7
3	8	1	2	9	7	6	4	5
2	9	3	8	7	5	4	1	6
9	2	8	3	5	6	1	7	4
1	7	6	5	4	3	8	2	9

1) 49개

2) 6개

3) 13개

4) 29개

5) 6개

6) 18개

87

1) 6개 (1/6, 2/5, 4/4, 6/1, 5/2, 4/3)

2) 가장 작은 수의 합은 3, 가장 큰 수의 합은 11

3) 가장 작은 수의 합은 7, 가장 큰 수의 합은 11

4) 2, 4, 6, 8, 10

5) 더블 3개 (1/1, 3/3, 5/5)

정답

88

¹5	7	²9			³7	⁴9
7		⁵1	⁶7			2
			⁷8	4		4
⁸1					⁹3	6
¹⁰7	¹¹3		¹²9	2		
¹³6	5	¹⁴4	9			
7		0		¹⁵1	¹⁶2	
	¹⁷4	8		¹⁸2	4	5

정답

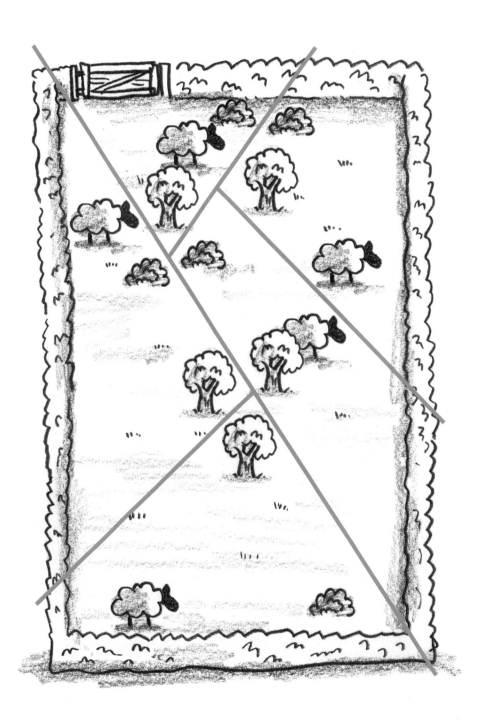

정답

90

3	9	5	2	8	6	7	4	1
1	2	6	4	5	7	3	9	8
7	4	8	1	3	9	6	5	2
2	6	4	8	7	3	9	1	5
9	3	1	5	4	2	8	7	6
5	8	7	6	9	1	2	3	4
4	7	2	3	1	8	5	6	9
6	5	3	9	2	4	1	8	7
8	1	9	7	6	5	4	2	3

메모와 낙서

 메모와 낙서

메모와 낙서

메모와 낙서

메모와 낙서

메모와 낙서

메모와 낙서

메모와 낙서

메모와 낙서

2021.02